Krone's Wetter Wissen kompakt

Raimo Gareis

Wolken Lesen Lernen

Regenwolken

KRONE

Die Deutsche Bibliothek-CIP-Einheitsaufnahme

Wolken lesen lernen: Regenwolken
Krone's Wetter Wissen kompakt

2. Auflage 2005

Printed in Germany

Herausgeber: Dieter Krone, Leichlingen/Rheinland
Konzept und Gestaltung: Dr. Raimo Gareis, Oberschützen/Burgenland
Layout, Abbildungen und Text: Dr. Raimo Gareis, Oberschützen/Burgenland
Druck: Rondo Druck, D-73061 Ebersbach

ISBN 3-933241-72-3

Inhalt

Können auch Regenwolken faszinieren?

Alles ist eine Frage der Einstellung. Gehören auch Sie zu den unzählig vielen Menschen, die Regen gleichsetzen mit Schlechtwetter? Dann sollten wir uns gleich wieder verabschieden. Verschenken Sie doch einfach diesen Wetterführer an einen Bekannten, den Sie nicht ausstehen können! Er wird sich möglicherweise genauso über die vielen Regenbilder ärgern wie Sie selbst. Denn Regenwetter ist schlechtes Wetter. Ist es?

Vielleicht fangen Sie an, diese Einstellung zu hinterfragen und zweifeln an Ihren bisherigen Wettermaßstäben. Dann zielt dieser Band unserer Reihe *Wolken lesen lernen* genau auf Sie. Dann sind Sie aufgeschlossen für die Schönheiten der Natur, bereit auch den Regen zu akzeptieren. Sie werden sehen, wie verschieden Wolken aussehen können, die Ihnen in wenigen Minuten Regen bescheren werden. Nieselregen, Landregen, Regengüsse, in denen es wie aus Kannen schüttet. Wolkenbrüche und von Sturm begleiteter Gewitterregen, vor denen man sich besser schnellstens in Sicherheit bringt.

Ganz ohne Zweifel sind auch Regenwolken faszinierend. Und das gleich auf mehrere Weise. Für die meisten Menschen am Wichtigsten ist ihre rechtzeitige Warnung vor als unangenehm empfundenen Wettererscheinungen. Für sie gilt die einfache Regel: Gutes Wetter ist trocken und angenehm warm, schlechtes dagegen nass und eher kühl. Eine recht primitive Formel. Gültig für Menschen, die noch in Höhlen lebten und denen die Segnungen moderner Technik und Chemie noch gänzlich unbekannt waren. Ist Ihnen eigentlich bewusst, wie viel besser wir es heute haben? Wir leben in behaglich warmen Wohnungen, denen das Wetter so gut wie gar nichts anhaben kann. Wir fühlen uns auch bei schlechtem Wetter wohl, in wasserdichter Regenkleidung. Bewusst genossen, kann so ein Regentag ganz neue Eindrücke vermitteln, ungewöhnliche Reize ausüben und den Blick freimachen für Bilder, die wir bisher nie bewusst in uns aufgenommen haben.

Sehr schnell werden wir dann bemerken, wie unterschiedlich der regenverhangene Himmel aussehen kann. Die vorüberdriftenden Wolkenformationen gewinnen einen eigenen Charakter, zeigen dem aufmerksamen Beobachter ihre immer wieder wechselnden Formen, ihre Vielfalt, ihren Wandel, ihre Einzigartigkeit. Niemals werden diese Bilder in identischer Form wieder erscheinen. Jedes Bild ist einzig, eine einmalige Präsentation der Natur.

Regenwolken sind Ausdruck des sich stetig wandelnden Wettergeschehens par excellence. Wie alle natürlichen Erscheinungen ist auch der Wolkenhimmel von unerhört komplexer Natur. Das Wetter ist und bleibt mit unseren Mitteln – trotz Einsatzes von tausenden von Wetterstationen und hunderttausenden von modernsten Computern mit einer unvorstellbaren Rechenkraft – auf Dauer unvorhersehbar. Es gehorcht den Regeln der Chaos-Mathematik und wird als geordnetes Chaos immer wieder selbstähnlich aber niemals identisch an uns vorüberziehen. Die für unsere Augen erkennbaren Wolken können uns Auskunft über das Wetter der nächsten Stunden geben. Auch das macht neben ihren oft skurrilen Formen die Faszination aus, die von den Wolken ausgeht. Regenwolken aber sind für uns das interessanteste Wetterindiz. Fangen wir an, sie näher zu erkunden!

Was ist denn eigentlich Regen?

Sprechen wir besser von Niederschlag. Das Wort beinhaltet schon das Wesentliche: Er fällt vom Himmel. Und schon wird es komplexer. Niederschlag, das können Wassertropfen sein. Dann spricht man landläufig von **Regen**. Aber auch **Hagel** gehört dazu, gefrorene Wassertropfen, die vor allem in Sommergewittern auftreten und schweren Schaden anrichten können. Im Winter freuen sich zumindest die Kinder auf **Schnee**. Er entsteht aus Wasserdampf, der sich bei Temperaturen unter 0°C an Kristallisationskeimen bildet und bei auch am Boden niedrigen Temperaturen dort niederschlägt. Dazu kommen noch Mischformen wie **Graupel** und **Griesel,** wobei erstere besonders kleine Hagelkörner sind und deswegen bevorzugt im so genannten Aprilwetter auftreten, während Griesel aus Schneeflocken entstehen können, die auf ihrem Weg zum Boden erst getaut und dann in kälteren Luftschichten wieder gefroren sind.

Wir wollen uns in diesem Band unserer Buchreihe *Wolken lesen lernen* auf den Regen und seine Wolkenformen konzentrieren. Definieren wir also zuerst einmal den Regen. Regen, das sind Wassertropfen, die aus Wolken zur Erde niederfallen. Damit haben wir schon eine ganz wichtige Voraussetzung für den Regen begriffen: **Regen ist immer an Wolken gebunden**. Wie aber entsteht der spätere Regen in den Wolken? Was sind überhaupt Wolken? Einfache Fragen. Aber sind es auch einfach zu beantwortende Fragen?

Die Entstehung von Wassertropfen in einer Wolke ist bei erster Betrachtung wenig aufregend. Ein Luftkörper enthält vor allem Stickstoff und Sauerstoff und neben anderen Spuren auch immer einen gewissen Prozentsatz Wasserdampf. Der ist genau wie Stickstoff und Sauerstoff unsichtbar für unser Auge. Je wärmer die Luft ist, desto mehr Wasserdampf kann sie enthalten. Kühlt man den Luftkörper ab – was immer beim Aufstieg passiert – dann kommt er irgendwann an einen Punkt, an dem er mit Wasserdampf gesättigt ist. Bei weiterer Abkühlung wird der überschüssige Wasserdampf kondensieren, es bilden sich Wassertropfen. Der **Taupunkt** ist erreicht. Es entsteht ein feiner Nebel, der aus sehr kleinen Wassertröpfchen besteht. Ist der Nebel weit genug vom Erdboden entfernt, dann bezeichnen wir das entstandene Gebilde als Wolke. Schon aus dieser Entstehungsgeschichte können wir entnehmen, dass eine Wolke nicht eigentlich ein Gegenstand ist. Sie ist weder fest noch flüssig und auch nicht gasförmig sondern eben dampfförmig. Also ein Gemisch aus gasförmigen Bestandteilen und fein verteiltem, flüssigem Wasser. Ein Nebel. Die Wolke hat deshalb auch keine feste Form. Sie ändert ihren Anblick fortwährend und verwandelt sich manchmal innerhalb weniger Sekunden vor Ihren Augen in eine andere Daseinsform. Jeder Fotograf weiß, wie schwierig, ja unmöglich es für einen elektronischen Entfernungsmesser ist, auf Wolken scharf einzustellen. Wolken sind niemals scharf umrissene Gebilde. Nur aus gehöriger Entfernung betrachtet, wirken sie scheinbar so. Nähern wir uns ihnen – zum Beispiel mit dem Flugzeug – dann entzieht sich die Form immer schneller unserem Zugriff. Auch das ist übrigens eine Folge des geordneten Chaos einer Wolkenformation. Und dennoch kann man aus den scheinbaren Formen einer Wolke Rückschlüsse auf das kommende Wettergeschehen gewinnen. Zum Beispiel auf heraufziehenden Regen, den wir jetzt analysieren wollen.

Wolken und Regen in Tiefdruckgebieten

Regen setzt immer Wolken voraus und Wolken entstehen, wenn beim Aufstieg eines Luftkörpers der Taupunkt erreicht wird und feine Wassertröpfchen sich bilden. Wann steigt aber ein Luftkörper auf? Immer dann, wenn er gegenüber seiner Umgebung wärmer ist. Denn wärmere Luft ist leichter als kältere. Die nötige Wärme wird dabei durch Kontakt der untersten Luftschichten mit dem Erdboden zugeführt, der seinerseits durch Sonnenstrahlen aufgeheizt wurde. Der Aufstieg wird sich solange fortsetzen, bis ein Temperaturausgleich stattgefunden hat. Beim Aufstieg kühlt sich die Luft alle 100 m um 1 °C ab, solange noch keine Kondensation

eingetreten ist. Sobald sich in dem Luftpaket Wolken bilden, verlangsamt sich die Abkühlung aufgrund der frei werdenden Kondensationswärme auf nur noch 0,7°C pro 100 m. Der Luftkörper wird dann solange weiter aufsteigen, bis er an eine Schicht stößt, die wärmer als er selbst ist. Aus einer Quellwolke wird dann eine Schichtwolke. Regen ist bei solchen kleinräumigen Luftkörperbewegungen vorerst allerdings noch nicht angesagt. Erst, wenn sich aus den harmlosen Cumulus-Wolken gefährliche Gewittertürme entwickelt haben, lässt der Regen nicht mehr lange auf sich warten. Vorerst aber hält der Aufstieg der Luft die Regentropfen noch in der Schwebe. Ein solches **Gleichgewicht der Kräfte** kann sehr stabil sein. Trotz bedrohlich aussehender Wolken fällt noch kein Regen.

Regen ist normalerweise **an Tiefdruckgebiete gebunden**. Wir leben in den gemäßigten Zonen von Europa in einem Gebiet ständiger Westwinde. Sie werden nur durch warme, großflächige Hochdruckgebiete – meist Ausläufer des ständigen Azorenhochs – für einige Tage unterbrochen. Dieses – zugegeben stark schematisierte – Wettergeschehen führt uns vom Atlantik, über dem an der Grenze zwischen polarer Luft aus dem Norden und tropischer Luft aus dem Süden Verwirbelungen entstehen, aus denen sich dann bedingt durch die Erddrehung und die wirkenden Corioliskräfte Tiefdrucksysteme bilden, in laufender Folge wolken- und

regenreiche Luft zu. Die **Corioliskräfte bewirken** auf der nördlichen Halbkugel eine **Rechtsdrehung jeder Luftströmung**. Dadurch kann **kein direkter Druckausgleich zwischen hohem und tiefem Luftdruck** stattfinden. Vielmehr entsteht eine Luftströmung, die sich spiralförmig entgegengesetzt dem Uhrzeigersinn um das Tiefdruckzentrum bewegt. Die Regengebiete entwickeln sich dabei in dem Tiefdruckwirbel an den Grenzen zwischen warmer und kalter Luft. An der Vorderseite eines sich von Westen nähernden Tiefdruckgebietes gleitet warme, feuchte Luft auf. Von Nordwesten nähert sich schnellere und schwerere Kaltluft, die den Luftkörper labilisiert und zu mächtigen konvektiven Komplexen führt, oft mit Starkregen und Gewittern verbunden. Wir wollen die entstehenden Wolkenformen jetzt analysieren.

Warmfrontregen und Advektion

Regen ist Regen und Regenwolken sind Regenwolken. Sie sehen alle gleich aus, es gibt keinen Unterschied. Der Himmel ist strukturlos grau in grau. Richtig und falsch! Richtig, weil Warmfrontregen einhergeht mit **Nimbostratus-Wolken** (Ns). Das sind mächtige Wolkengebilde, die von einigen hundert Metern über dem Boden bis in große Höhen hinaufreichen und somit alle drei von der Meteorologie unterschiedene Höhenbereiche ausfüllen. Dabei ist es besonders wichtig, dass die höchsten Schichten vereist sind und eine direkte Verbindung zu den tieferen Schichten besteht. Auf diese Weise können Nimbostratus-Wolken mit Mikrokristallen aus Eis

versorgt werden. Diese Mikrokeime sind Voraussetzung für die Kondensation von Wassertropfen, die dann bei genügender Größe durch ihr Gewicht bedingt als Regen zu Boden fallen. Fehlen solche Mikrokeime, können sich keine Regentropfen bilden. Das ist eine alte Erkenntnis aus der Chemie. Flüssige Stoffe kristallisieren umso schwerer, je sauberer sie sind.

In der Meteorologie hat diese Erkenntnis zweierlei Bedeutung. Einerseits bilden sich am Taupunkt Wolken nur dann, wenn die wasserdampfgesättigte Luft Mikrokeime in Form von Staub enthält. Andererseits können die in Wolken enthaltenen feinsten Wassertröpfchen nur dann zu stattlicher Größe wachsen, wenn sie an Eis-Mikrokristallen weiter Wasserdampf kondensieren und so an Gewicht erheblich zunehmen können.

Die beiden Bilder auf dieser Doppelseite zeigen typische Beispiele für regenverhangenen Himmel. Aus mächtigen Nimbostratus-Wolken, die wir vom Boden aus nur vermuten können, wenngleich der auch zur Mittagszeit dunkle Himmel gewaltige Wolkenpakete anzeigt, regnet es nicht sehr dramatisch, dafür aber unaufhörlich Stunde um Stunde. **Landregen** ist angesagt. Für den Touristen ein Albtraum, für die Landwirtschaft oft die letzte Rettung vor allzu langer Trockenheit. Wohl dem, der sich in einem gemütlichen Gasthof eingemietet hat und auf längere Spaziergänge in der Wasser triefenden Natur verzichten kann.

Zugegeben, für den passionierten Wolkenbeobachter gibt es zweifellos auch angenehmeres Wetter. Trotzdem üben auch solche Regentage einen eigenartigen Reiz aus. Die Wolken ziehen in mächtigen Schichten mehr oder weniger schnell über den Himmel. Es herrscht ein Wettergeschehen, das die Meteorologen als **Advektion** bezeichnen. Der Energieaustausch zwischen Warm und Kalt findet gemächlich statt. Horizontale Schichtung herrscht am Himmel vor. Verhältnismäßig langsam ersetzen Wolkenschichten in allen Höhen den bis dato vorhandenen Luftkörper. Dabei gleitet warme Luft langsam auf kältere auf. Vor unseren Augen spielt sich das ab, was die Meteorologen eine Aufgleitfront nennen. Die wärmere Luft wird langsam angehoben. Der Taupunkt wird überschritten. Es bilden sich Wolken. Es beginnt zu regnen.

Drei charakteristische Bilder. Links ein typisches Regenbild. Der Himmel ist langsam zugezogen. Die Wolkenuntergrenze beginnt ständig zu sinken. Ein mächtiges Wolkenpaket bewegt sich auf uns zu. Während die Sonne noch die obersten Schichten fahl durchdringen kann (**Altostratus translucidus**), sind die einzelnen Schichten im Hintergrund schon zu **Nimbostratus praecipitatio** zusammengewachsen. Dort beginnt der Regen.

Ganz anders auf dieser Seite. Der Aufgleitregen ist endlich zu Ende gegangen. Die unstrukturierte Unterseite weicht einzelnen Wolkenbändern, die hier und da schon die Sonne durchscheinen lassen. Die Nimbostratus-Wolken haben sich verwandelt, die bis in große Höhen reichenden Wolkenmassen brechen auf und bilden jetzt wieder einzelne Schichten (**Stratocumulus opacus perlucidus**), die vertikal nicht mehr mit einander verzahnt sind. Der Nachschub an Eiskristallen ist unterbrochen. Der Regen hört auf. Zumindest für einige Zeit. Aber die Ruhe geht meist schnell zu Ende!

Kaltfrontregen und Konvektion

Einem ganz anderen Regentyp wollen wir uns jetzt zuwenden, den Regengüssen beim Durchzug einer Kaltfront. Haben wir bei der Warmfront den sanften Aufgleitregen erlebt, der viele Stunden lang als Landregen niedergehen kann und oft von der Landwirtschaft ersehnt wird, ist Kaltfrontregen ein rauerer Bursche. Wir haben gesehen, dass Warmfrontregen mit Advektion, also einer horizontalen Verschiebung von Luftkörpern einhergeht. Für Kaltfrontregen ist dagegen die Konvektion typisch, ein vertikaler Luftaustausch, der warme, feuchtigkeitsgeladene Luft schnell in große Höhen befördern kann. Dabei entstehen dann Wolken von oft bedrohlichen

Ausmaßen, die gewaltige Regenmengen ausschütten können, was mit dem Begriff **Wolkenbruch** vom Volksmund sehr eindrucksvoll beschrieben ist.

Dem physikalisch sehr unterschiedlichen Charakter von horizontalem beziehungsweise vertikalem Energieaustausch in unserem Wetter sollten auch unterschiedliche Wolkenformen entsprechen. Das erscheint logisch und entspricht auch unseren Beobachtungen. Schauen Sie sich einmal die Wolkenbilder dieser und der beiden folgenden Seiten an. Der Wettercharakter hat sich vollständig geändert. Hier passiert vor unseren Augen ein dynamischer und meist auch auf dem Boden stürmischer Wetterwechsel. Kalte Luft hat unsere gemütlich dahinziehende Aufgleitfront eingeholt und schiebt sich unter sie. Die kalte Luft in einem Tiefdrucksystem gewinnt immer das Wettrennen zwischen Warm und Kalt. Der Wolkenbeobachter freut sich über das Ende des bilderlosen Himmels. Zwar ist die aufheiternde Farbe des blauen Himmels noch nicht zurückgekehrt, dafür gibt es jetzt eine sich ständig und schnell ändernde Formenvielfalt aus Nordwesten heranziehender Wolkenformationen. Es sind alles Auflösungsformen. Die horizontalen Wolkenschichten werden zerrissen. Zuerst müssen die Stratocumulus-Bänke daran glauben. Dabei entstehen oft kurzzeitig typische, beutelförmige Auswüchse, die von den Meteorologen treffend als **Stratocumulus stratiformis mamma** bezeichnet werden.

Alles in allem ist dieser Kampf zwischen Warm und Kalt zwar aufregend, dafür aber meist nur von kurzer Dauer. Nach heftigen Windböen und oft auch Regen- oder Hagelschauern mit kurzen Gewittereinlagen im Sommer, ist der Spuk genauso schnell vorbei wie gekommen. Wir kommen später noch einmal darauf zurück und werden uns besonders dramatische Bilder eines solchen Wettergeschehens anschauen.

Vorerst aber wollen wir festhalten: Regnen kann es nur, wenn sich die in einer Wolke enthaltene Feuchtigkeit an Mikrokristallen aus Eis kondensieren kann. Das kann sich bei einer Aufgleitfront langsam und gesittet abspielen. Eine Kaltfront hebt dagegen die Aufgleitwolken schnell in größere Höhen mit der Folge von Sturm und Starkregen.

Okklusionsregen

Im vorigen Kapitel haben wir festgestellt, dass die kalte Luft in einem Tiefdruckgebiet immer einen Zahn schneller über den Himmel saust als die warme Aufgleitfront. Das wirft für den aufmerksamen Leser die Frage auf: Was passiert wenn die Kaltluft die Warmluft eingeholt hat? Genau das, was man erwarten sollte, sie überholt sie. Und wie funktioniert das? Die kalte Luft greift sozusagen von unten an und hebt das ganze Warmluftpaket vom Boden ab und in größere Höhen. Schließlich erreicht die Kaltluft die auf dem Wege von West nach Ost vor ihr liegende Warmfront. Das Tiefdrucksystem aus Warm- und Kaltfront ist tot. Was entsteht aus

dem mächtigen Wolkengebilde und den in ihnen enthaltenen, gewaltigen Wassermengen? Etwas sehr Unangenehmes. Das normalerweise von der Nordsee ins Land ziehende Tiefdruckgebiet vermindert schon über Land seine Geschwindigkeit durch Hindernisse aller Art, vor allem durch die Mittelgebirge und schließlich die Alpenbarriere. Über Land hat also die daher brausende Kaltluft ein leichtes Spiel mit dem Warmsektor des Tiefdruckgebietes. Die Warmluftmassen werden abgehoben, das Tiefdrucksystem kommt langsam zum Stillstand. Eine **Okklusion** ist entstanden. Gewaltige Wolken- und damit Wassermassen, die jetzt abzuregnen beginnen. Der gefürchtete **Okklusionsregen** fängt mit heftigem Dauerregen an. Stundenlang, oft tagelang. Immer an derselben Stelle. Die Wassermassen können vom Boden schon bald nicht mehr aufgenommen werden, die Flüsse treten über ihre Ufer: Hochwasser!

Über uns spielt sich ein chaotischer Wirbel aus kleinen warmen oder kalten Luftblasen ab. Dementsprechend wild sind auch die dabei auftretenden Wolkenformen. Sie sehen hier typische Beispiele von solchen Bildern, die mit etwas Abstand von der nördlich befindlichen Okklusion aufgenommen wurden. Südlich der Alpen lösten sich die Wolken durch die Leewirkung der Berge relativ schnell auf, während die Landschaften nördlich der Alpen voll dem Okklusionsregen ausgesetzt waren, was zu den berüchtigten Hochwassern von Donau und Elbe im Jahr 2002 führte.

Okklusionsregen zählt in Mitteleuropa zu den unangenehmsten und gefürchtetesten Wettererscheinungen. Nicht wegen ihrer Wetterdynamik, sondern wegen ihrer meist langen Dauer, die die Wolkenmassen zum Abregnen benötigen. Nur sehr langsam bessert sich das Wetter. Die Wolkenbeobachter können diesen Vorgang in aller Ruhe beobachten. Vorerst regnet es unaufhörlich, obwohl die Sonne schon einmal durch die oft nur dünnen Altostratus-Wolken durchscheinen kann. Das Wolkenpaket wechselt zwar ständig sein Aussehen, aber es bewegt sich nicht von der Stelle. Der nach Schönheit der Wolkengebilde Ausschau haltende Fotograf wird tagelang enttäuscht. Am Himmel erblickt er nichts als Chaos. Auch solche Bilder hat unser Wetter auf Lager. Erst der letzte Tag einer solchen Okklusion kann den Beobachter dann wieder versöhnen. Die Auflösungsformen sind oft besonders prächtig.

Höhentiefs und Tiefdrucktröge

Nach Warmfront-, Kaltfront- und Okklusionsregen wollen wir uns noch zwei weiteren Wetterscheinungen zuwenden, die ebenfalls für ihren lang andauernden bzw. heftigen Niederschlag in der Meteorologie berüchtigt, aber bei uns normalen Zeitgenossen eher weniger bekannt sind. Bei **Höhentiefs** handelt es sich häufig um **reaktivierte Okklusionen**. Sie wurden von einem weiteren Tief eingeholt und haben dabei in einer ziemlich turbulenten Form ein neues Randtief gebildet, das weiteren Regen ausschüttet und sich nur sehr langsam fortbewegt. Die Wolkenbilder sind entsprechend chaotisch.

Typisch sind dabei Cirrostratus-Schichten, unter denen sich alle Arten von Altocumulus-Formationen tummeln, während sich der unterste Wolkenbereich weitgehend frei von Wolken darbietet. Im mittleren und oberen Höhenbereich sind die Luftmassen durch starke horizontale und vertikale Turbulenz stark ineinander verzahnt, so dass Eis-Mikrokristalle in genügender Menge zur Verfügung stehen, an denen die Kondensation des Wasserdampfes ungebremst vonstatten gehen kann: Es regnet immer wieder mehr oder minder stark.

Durch die Verdunstung kleinerer Regentropfen beim Fallen kühlt sich die umgebende Luft stark ab. Wird der Taupunkt dabei überschritten, bilden sich nahe dem Boden charakteristischen Wolkenfetzen (pannus), die dem kundigen Beobachter genau aufzeigen, an welchen Stellen es mit Sicherheit schon regnet. Beispiele finden Sie auf den Seiten 47 und 48.

Bleiben noch die **Tiefdrucktröge**. Sie werden oft zum Albtraum der Segler auf Nord- und Ostsee. Aus unerfindlichen Gründen folgen sie oft im Abstand von wenigen Stunden einer gerade vorübergezogenen Kaltfront. Nach dem Durchzug freuen sich alle Beobachter über einen tief blauen Himmel mit hübschen weißen Cumulus-Wölkchen. Die vorher oft drückend schwüle Luft eines subtropischen Luftkörpers ist der klaren Luft polaren Ursprungs gewichen. Einem ungestörten Sommertag steht nichts mehr im Wege. Wirklich? Sie kennen es alle aus mehr oder minder intensiver Erfahrung: Schon bald ziehen dunkle Regenwolken herauf, ehe

man es sich versieht, beginnt es schon wieder zu regnen. Die Kaltfront scheint zurückzukehren. Es handelt sich um einen dieser berüchtigten Tiefdrucktröge. Das sind **vagabundierende Kaltlufttropfen**, die plötzlich und mit oft unerwarteter Gewalt See und Land heimsuchen. Sie sind meist auch von den Meteorologen ungeliebt. Nicht so sehr wegen ihrer gewaltigen Regenmengen, die sie in kurzer Zeit über dem Land ausschütten können. Vor allem wegen ihrer Unberechenbarkeit. Sie ziehen kreuz und quer über die Landkarte und sind oft der Grund für ungenaue oder falsche Wetterprognosen, weil sie sich an keine der West-Ost-Zugstraßen von Tiefdruckgebieten zu halten scheinen. Dem Fotografen bieten sie mit dynamischen und chaotischen Wolkenformen, die sich zudem sehr schnell verändern, Abwechslung nach oft eintönigem Wettergeschehen.

Bedeutung der Wolkenbilder für das Wetter

Wir haben jetzt die wesentlichen Regenbringer präsentiert und an unserem Auge beispielhaft vorbeiziehen lassen. Vielleicht sollten wir auch noch die Gewitterwolken erwähnen, die uns speziell in einem der zukünftigen *Wolken Lesen Lernen*-Bücher beschäftigen werden, und die in Wärmegewittern nicht in eine der schon besprochenen Kategorien eingereiht werden können. Welche herrlich gefährlich anzuschauenden Wolkenbilder solche Wärmegewitter präsentieren können, zeigt das Bild auf Seite 25. Gerade an diesem Beispiel kann man sehr gut sehen, was man aus einem Wolkenbild für Schlüsse für das kurzfristig zu erwartende Wetter ziehen

kann. Bei nahenden Unwettern sollte man dabei nach der Wichtigkeit der Erscheinungen vorgehen. Man beginnt am besten mit der **Zugrichtung der Wolken** (nicht aber des Bodenwindes!). Ziehen die Wolken direkt auf den Wanderer zu, muss eine schnelle Entscheidung zwischen Ausharren oder Flucht getroffen werden. Bei dem Bild rechts bleiben dem Beobachter noch 10-15 Minuten, bevor der Wolkenbruch mit Sturm, Starkregen, Blitz, Donner und möglicherweise auch noch Hagel losbricht. Wenn Sie das Bild genau betrachten, können sie zur Ferne hin nach Stratocumulus stratiformis-Wolken im Vordergrund eine markante Abrisskante sehen, an der alle Einzelheiten verschwinden. Genau dort beginnt der Starkregen. Dahinter kann man schemenhaft noch Blitze leuchten sehen und verschwommen Donner hören. Ein Unwetter nähert sich unserem Standort. Die Wolkenbeobachtung begann zu spät.

Viel ruhiger können Sie den Dingen ins Auge sehen, wenn die Zugrichtung des Gewitters quer zum Standort des Beobachters verläuft. Dann kann man ganz entspannt zuschauen, wie Blitz und Donner sich folgen und aus Ihrem Abstand leicht die Entfernung geschätzt werden kann (Sie erinnern doch noch: 3 Sekunden = 1 Kilometer!). Wie solch ein Gewitter aus der Ferne ausschaut, habe ich Ihnen im ersten Band von *Wolken Lesen Lernen, Die Sprache der Wolken* vorgestellt. In allen Einzelheiten wird dieses Gebiet in einem speziellen Band behandelt, das der Zukunft vorbehalten ist, und für das ich zum Beispiel noch Gewitter fotografiere.

Betrachten wir noch kurz das Bild auf der linken Seite. Hier ist von Gewitter trotz der bedrohlich dunkel aussehenden Wolken keine Spur zu sehen. Aber wieder können wir neben den ähnlichen Wolken im Vordergrund interessante Entdeckungen in Horizontnähe machen. Über einen ca. 800 m hohen Hügel in der Buckligen Welt zieht ein Regenschauer (praecipitatio) hinweg, während rechts davon noch dünne Regenstreifen (virgae) den Boden kaum berühren, sondern schon vorher verdunstet sind. Das ganze Wettergeschehen findet 10 - 20 km entfernt statt und dürfte im Flachland kaum noch wesentliche Auswirkungen haben.

Zwei Beispiele mit zwei ganz verschiedenen Aussagen. Ferner Regen und nahendes Unwetter. Sie können sehen, wie wichtig nicht nur eine Wetter-Momentaufnahme, sondern vor allem ein dynamisches Verfolgen des Wettergeschehens für uns ist.

Wolkenformen bei einer Aufgleitfront

Wir wollen uns jetzt die einzelnen Phasen eines Warmfrontaufzuges genau vor Augen führen. Nach Tagen ungetrübten Hochdruckwetters, das allenfalls von einigen hoch am Himmel vorüberziehenden Zirren unterbrochen wurde, beginnt sich der Himmel im Westen oder Südwesten mehr oder weniger schnell einzutrüben. Dabei beginnt alles in den ganz hohen Wolkenbereichen. Wie auf einem Keil beginnen sich die feuchten Warmluftmassen über den trockenen Hochdruck-Luftkörper hinaufzuschieben. Das Tiefdruckgebiet kündigt sich mit Wolken an. Zuerst **Cirrostratus fibratus** (faserige Eiswolken) und **Cirrostratus nebulosus** (nebel-

artige Eiswolken). Das sind Eiswolken, durch die die Sonnenscheibe immer noch scharf zu sehen und die häufig von einem Halo umgeben sind. Ziemlich bald folgen Wolken im mittleren Höhenbereich, **Altocumulus** und danach **Altostratus**-Schichten, die schon bald keine Sonne mehr erkennen lassen. Der Landregen ist nicht mehr weit. Er beginnt dann, wenn sich die Aufgleitwolken untereinander verzahnt und damit ein hochreichendes Wolkenpaket aus **Nimbostratus**-Wolken gebildet haben. Wie lange dauert diese Prozedur? Diese Frage kann nur dann beantwortet werden, wenn man den ungefähren Abstand vom Tiefdruckzentrum kennt. Dabei gilt: Je näher am Zentrum, desto kürzer dauert der Tiefdruckeinfluss. Nahe am Tiefdruckkern trübt es zwar sehr schnell ein, der ganze Spuk ist aber nur von kurzer Dauer. Ganz anders, wenn ein kräftiges Tiefdruckgebiet in gehörigem Abstand nördlich vorbeizieht.

Dann kann der Aufgleitregen viele Stunden vom Himmel rauschen. Auch wenn südlich ein Tiefdruckgebiet seine Bahn zieht, kann es stundenlang regnen. Eine Wetterlage, die zum Beispiel an meinem Beobachtungsstandort im südlichen Burgenland südöstlich der Alpen die einzige ist, die nennenswerte Regenmengen aus einem Mittelmeertief verspricht. Im Nordwesten und Westen ist dieses Gebiet durch die Alpen geschützt, was zu dem besonders günstigen Klima dieses Landstriches führt. Aber auch zu besonders interessanten Wolkenbildern, weil man oft von der Seite in Tiefdruckgebiete oder Gewitter hineinblicken kann.

Zurück zu den Wolkenbildern einer Warmfront. Die zwei Beispiele auf dieser Seite zeigen die ganze Bandbreite solchen „Schlechtwetters", wie Tiefdruckgebiete im Volksmund bezeichnet werden. Zugegeben, man braucht einen regensicheren Unterstand, um Aufnahmen bei diesem Wetter fotografieren zu können. Aber wo liegt das Problem? Heute besitzen wir doch alle einen sogar mobilen Unterstand: unser Auto. Das Fenster herunter gedreht, sich soweit zurücklehnen, dass der Regen die Kamera nicht mehr trifft, und schon kann die Fototour beginnen. Vor allem kann man auf diese Weise ein aufziehendes Regengebiet hervorragend beobachten, wenn man in seiner Umgebung einen kleinen Hügel findet(in meiner Heimat im Norden reicht schon eine kleine Bodenerhebung von wenigen Metern!), von dem aus man eine freie Sicht nach allen Seiten genießen kann. Beginnen wir also unsere Beobachtungstour!

Federwolken und hohe Schichtwolken

Beim ersten Durchblättern dieses Regenwolken-Büchleins sind Sie möglicherweise etwas enttäuscht gewesen. Gegenüber den ersten beiden Bänden dieser Buchreihe *Wolken Lesen Lernen* herrscht bei den Regenwolken vor allem eintöniges Grau vor. Grau ist sehr richtig, blauer Himmel ist bei den Regenwolken eher eine Rarität. Aber eintönig? Da kann ich Ihnen kaum zustimmen. Also muss ich versuchen, Ihre Meinung zu korrigieren. Am besten mit Bildmaterial, das Ihnen hilft, Ihre Ansicht von sich aus zu revidieren. Auf den folgenden Seiten wollen wir uns gemeinsam die vielen Variationen anschauen, die der Regenhimmel für uns parat hält.

Wir beginnen mit Warmfrontwolken. Das obige Bild ist ganz typisch für einen Warmfrontaufzug. Schon seit Stunden hat sich der ehedem wolkenfrei blaue Himmel mit sehr hohen weißen Schichtwolken bedeckt, deren Dichte immer mehr zunimmt. Wir können hier den schichtmäßigen Aufbau noch sehr gut erkennen. Die weißen Schleier bezeichnet der Meteorologe als **Cirrostratus fibratus,** einen Schleier von hohen Federwolken mit noch deutlich erkennbarer, faserartiger Struktur. Diese oberste Schicht wird schon bald von einer grauen, mittelhohen Schicht von **Altostratus** verdeckt (auf der linken Bildseite zu erkennen), aus der es zwar vorerst auch noch nicht regnet, die aber den kommenden Niederschlag schon deutlich ankündigt. Den ganzen unteren Bildteil nimmt eine dunkle Wolkenwand ein. Vorerst besteht sie noch **aus Stratocumulus stratiformis opacus** (eine tiefe, kompakte Schichtwolke), aber schon bald wachsen diese drei noch unterscheidbaren Schichten zu einem konvektiven Komplex zusammen. Das oberste Drittel liefert die Mikrokristalle aus Eisnadeln. Wasserdampf der unteren Teile dieser **Nimbostratus**-Wolke kann sich an ihnen kondensieren, der Landregen beginnt lang andauernd herunterzurieseln.

Vorerst aber ist es noch trocken. Dem aufmerksamen Beobachter bietet sich in dieser Phase des Regenaufzuges ein interessantes Bild am Himmel. Im Gegensatz zum Regen, der den Boden erreicht und den der Meteorologe als **praecipitatio** (Niederschlag) bezeichnet, un-

terscheidet er auch noch Regen, der den Boden nicht erreicht, weil er schon mehr oder minder hoch über dem Boden in der noch trockenen Luft verdunstet ist. Auf dem obigen Bild sind solche Regenfahnen, als **virgae** benannt, deutlich zu erkennen. Wenn man von der Seite in ein entfernt vorbeiziehendes Regengebiet hineinschaut, kann man vor allem bei tief stehender Sonne solche Regenstreifen sehr oft gut erkennen. Sie können zweierlei bedeuten. Wie im obigen Bild ist der Landregen nicht mehr weit. Pech gehabt. Ist man glücklicher dran, dann zieht die ganze Wasserpracht so nach dem Motto „Die Karawane zieht weiter……" an uns vorbei und über uns hinüber, ohne das auch nur ein Regentropfen uns trifft. Dieses zweite Beispiel ist übrigens in den Wüstengebieten die Norm und bringt die durstenden Touristen oder Bewohner oft bis an den Rand des Wahnsinns.

Der Himmel zieht zu: mittlere Schichtwolken

Die Sorgen der Wüstenbewohner, immer am Rande des Verdurstens wegen des praktisch totalen Fehlens von Regen – nicht aber von Regenwolken! – leben zu müssen, kommen in Mitteleuropa eher selten vor. Das Gegenteil, der Dauerregen, ist in den letzten Jahren wegen der daraus folgenden Hochwasser schon stärker gefürchtet.

Auf dem unteren Bild nähert sich der Regen schon bedenklich. Vorerst aber bilden die mittleren Schichtwolken zwar schon eine kompakte Einheit mit darüber (vom Boden aus nicht sichtbaren) Cirrostratus-Wolken, aber der Regen erreicht den Boden noch nicht, was an den

mächtigen Regenstreifen zu erkennen ist. Nur noch wenige Minuten, dann hüllt uns auch am Boden die Regenwolke mit ihrem sanften Landregen ein.

Zugegeben, diese Bilder sind nicht sehr aufregend. Wir haben uns so sehr seit der Kindheit daran gewöhnt, den grauen Himmel mit schlechtem Wetter zu identifizieren, dass wir darüber verlernt haben, die feinen Strukturen und oft schnellen Änderungen überhaupt noch zu bemerken. Das erscheint mir als recht dumm. Zum einen können auch eintönig graue Strukturen durchaus einen eigenartigen Reiz entfalten. Das dürfte mit den Bildern dieses Bildbandes zu beweisen sein. Andererseits sind es doch der helle und dunkle graue Himmel, der uns schon frühzeitig Hinweise auf kommenden Regen in seinen sanften, aber auch wilden Formen bieten kann, und uns auf diese Weise vor unliebsamen Überraschungen bewahrt.

Der Himmel zieht zu! Diese vier, im Abstand von jeweils ungefähr fünf Minuten entstandenen Bilder zeigen Ihnen einen typischen Warmfrontaufzug beim Übergang von mittleren zu tiefen Schichten. Die oberste Cirrostratus-Schicht ist gerade noch zu erahnen. Das dritte Bild zeigt noch Spuren eines leicht gefärbten Halos, der die durchscheinende Sonne hinter Cirrus-Wolken umschließt. Durch die darunter befindliche **Altostratus**-Schicht scheint die Sonne zuerst noch fahl hindurch. Altusschichten erzeugen aber im Gegensatz zu Cirrus keine Halos. Allmählich wird auch diese Altostratus-Schicht mächtiger und die Sonne verschwindet hinter den Wolken.

Das sind zweifelsfrei keine besonders tollen und aufregenden Fotos. Aber es sind gute Beispiele für die Änderungen, die einem Aufgleitregen vorausgehen.

Wann beginnt es zu regnen?

Das ist die Frage. Und sie ist gar nicht leicht zu beantworten. Es gibt Wolkenbilder, die ganz deutlich den herankommenden Regen zeigen. Ein Regenvorhang bewegt sich auf uns zu. Aber das ist zumeist ein Himmel mit Schauerwolken, wie er bei Kaltfrontdurchgängen zu beobachten ist. Wir aber wollen wissen, wann der Warmfrontaufzug in Dauerregen übergeht. Dazu finden Sie auf diesen beiden Seiten sechs Bildbeispiele. Sechsmal ziehen Regenwolken auf uns zu. Wann beginnt es zu regnen?

Die Bilder sind schwer zu deuten. Und doch ganz eindeutig. Bei allen sechs Wetterstimmungen fing der Landregen wenige Minuten später an. Bei den beiden obersten Bildern auf der linken Seite waren es eher kurze Schauer mit wechselnder Intensität, es hatte auch schon vorher geregnet. Die anderen vier Aufnahmen folgen alle einer Wetterregel, die mir meine Oma schon vor vielen Jahrzehnten beigebracht hatte: Nicht die dunklen Wolken, sondern das Helle ist der Regen! Ganz besonders gut am letzten Bild rechts unten zu erkennen.

Dauerregen trübt Himmel und Sinne

Jetzt hat uns das Zentrum des Regengebietes erreicht, der Regen nieselt oder rauscht schon seit Stunden vom Himmel herunter. So ein Sauwetter! Wirklich? Verkriechen Sie sich im Büro? Frönen Sie Ihrem Kaufrausch? Das wird teuer! Oder schauen Sie aus Ihrem gemütlichen Zuhause am besten gar nicht heraus? All diese Verhaltensmuster können den heutigen Menschen vor den Unbilden des Wetters ein bisschen schützen. Aber was hat er damit gewonnen? Die schlechte Stimmung bleibt und wirkt sich oft unangenehm auf die nähere Umgebung aus. Warum schauen Sie dem Wetter nicht direkt ins Angesicht? Ziehen Sie sich doch regendichte

Kleidung an und machen Sie dann einen Regenspaziergang! Allerdings gilt dafür eine Voraussetzung: Vergessen Sie alles, was sie in den vergangenen Jahrzehnten über das „Schlechte Wetter" gelernt haben. Gehen Sie ganz unvoreingenommen dem Wetter entgegen. Schon nach kurzer Eingewöhnungszeit entdecken Sie, wie wundervoll ein solcher Spaziergang sein kann! Sie sehen alle Dinge mit veränderten Augen an. Aber es sind gar nicht die Augen, es ist die geänderte Einstellung, die die Welt so neu aussehen lässt. Aber lassen Sie uns zu den Wolkenbildern zurückkehren, bevor ich zu sehr ins Schwärmen komme. Auf dieser Doppelseite zeige ich Ihnen nur zwei Beispiele für typische Regenstimmungen hier bei uns im südlichen Burgenland. Übrigens, meine Begeisterung für solche Bilder entstammt vielleicht auch der Tatsache, dass bei uns solche Eindrücke nur sehr selten sind. Es gibt nur eine Wetterlage, die hier zu Dauerregen führen kann: ein Tief über der nördlichen Adria, das nach Nordosten weiterzieht. Stundenlanger Regen hüllt die ansonsten meist klare Landschaft ein und zaubert ganz neue Bildeindrücke hervor. Nebelfetzen (Stratus fractus) fegen über das hügelige Land. Unvergleichlich schöner anzuschauen, als wolkenloser blauer Himmel. Wenigstens aus meiner Sicht. Aber das ist zugegeben wohl Ansichtssache.

Kommen wir zu den verschiedenen Wolkenformen zurück, die man auf diesen beiden Bildern identifizieren kann, und die dafür sprechen, dass der Regen so bald noch nicht aufhören

wird. Zuerst der herunterrauschende Landregen. Er zeigt uns etwas, das wir wegen seiner Strukturlosigkeit eigentlich gar nicht sehen können: die **Nimbostratus**-Wolken. Darunter können wir links auf dem Bild eine dicke **Stratocumulus stratiformis opacus praecipitatio**-Wolke ausmachen, eine tiefe dicke Schichtwolke, aus der heraus es regnet.

Anders auf dieser Seite. Tiefe **Stratus fractus translucidus praecipitatio**-Wolken bedecken das Land bis auf den Erdboden, ein Wetterbild, das man besonders im Hügelland recht häufig beobachten kann. Wie es darüber aussieht, kann man nur erahnen. Es dürfte Nimbostratus ein, der für den Regen verantwortlich ist. Die Stratusfetzen sind erst durch den Regen und die begleitende Abkühlung des umgebenden Luftkörpers entstanden. Bei solchen Bildern dürfen wir uns auch noch in den folgenden Stunden über den Regen freuen!

Der Himmel gewinnt Struktur zurück

Nach Stunden des Landregens passiert dann ziemlich abrupt das, was der Volksmund mit „der Himmel wird bunt" mehr oder weniger treffend beschreibt. Gemeint ist, der Himmel gewinnt Struktur zurück. Die strukturlosen Nimbostratus-Wolken verwandeln sich allmählich in **Stratocumulus stratiformis opacus** zurück, die wie auf diesen Bildern tief mit ziemlicher Geschwindigkeit über die Landschaft dahin ziehen. Trotz des düsteren Aussehens kommen sie uns nach stundenlangem Regen wie eine Erlösung vor. Besonders, wenn wir in unserer Urlaubspension eine kleine Wanderung durch die schöne Landschaft eingeplant hatten.

Aber wo befinden wir uns denn nun in dem uns behelligenden Tiefdrucksystem? Am Ende und an der Grenze zu schönem Wetter mit strahlend blauem Himmel? Die Berliner würden dazu sagen: ein typischer Fall von Denkste! Vorerst gewährt uns das Regengebiet nur eine mehr oder minder kleine Atempause. Die Warmfront mit ihrem Dauerregen ist vorübergezogen. Richtig. Jetzt aber befinden wir uns im Warmsektor des Tiefdruckgebietes, der eine ganz verschiedene Dauer haben kann, je nachdem, ob wir uns nahe dem Tiefdruckzentrum befinden, oder hunderte von Kilometern weiter südlich auf Wetterbesserung warten. Im ersteren Falle brauchen wir uns noch nicht zum Wandern bereithalten. Nur weiter südlich sind uns jetzt vielleicht einige Stunden trockenes und windiges Warmsektorwetter gegönnt. Von Nordwesten braust kalte Luft mit hoher Geschwindigkeit heran. Sie will den Warmsektor eliminieren, die Warmluft vom Boden abheben und in höhere Gefilde hinaufdrücken. Aus Advektion wird Konvektion, aus ruhigem Warmfront-Aufgleitregen wird eine stürmische Kaltfront mit Wolkenbruch und vielleicht sogar Gewittereinlagen.

Charakteristisch für solch einen Wetterwechsel ist ein Umschlagen und Auffrischen des Windes. Während kurz vor Eintreffen der Warmfront der Südwestwind zunimmt und bei Durchzug der Warmfront auf West dreht, passiert Ähnliches kurz vor und beim Durchzug der Kaltfront mit größerer Heftigkeit noch einmal. Jetzt dreht der scharfe Wind auf Nordwest und

Sturmböen sind die Begleitung eines neuerlichen Wetterwechsels. Die Meteorologen sprechen dabei von *Rechtsdrehen* des Windes, das heißt, die Windrichtungen ändern sich im Uhrzeigersinn.

Nahe am Tiefdruckzentrum folgen dabei Warmfront und Kaltfront mit geringem Zeitverzug direkt aufeinander. Der ganze Spuk ist zwar besonders heftig, aber nur von geringer Dauer. Ganz anders zweihundert Kilometer weiter südlich. Hier können Warmfront und Kaltfront mehrere Hundert Kilometer auseinander liegen. Bei einer mittleren Zuggeschwindigkeit von 30-40 km/Std. bedeutet das einige Stunden gar nicht so üblen Warmsektor-Wetters. Nach langem Dauerregen bietet uns die Wetterlage eine Möglichkeit für Wanderungen in regennasser Landschaft bei meist sehr klarer Sicht, weil der Regen den Staub niedergeschlagen hat.

Regenwolken im Warmsektor

Was ist aus den Regenwolken der Warmfront, aus Cirrostratus (Cs), Altostratus (As) und Nimbostratus (Ns) im Warmsektor geworden? So ruhig wie die Warmfront aufgezogen ist, haben sie sich keineswegs aufgelöst. Im Warmsektor herrscht – zumal in größeren Höhen – immer Wolkenchaos. Damit in unser eintöniges Wolkengrau wieder ein bisschen Farbe hineinkommt, zeige ich Ihnen auf dieser Doppelseite Warmsektor-Stimmungen bei Sonnenuntergang. An den Wolkenbildern ist deutlich die Dynamik und Turbulenz in allen Höhenbereichen zu erkennen. Man hat den Eindruck, der kommende Angriff der Kaltluft wirft seinen Schatten

schon voraus. Das sind keine ruhigen und gemächlich voranschreitenden Auflösungsformen, die uns im obigen Bild begegnen. Da wird eine Nimbostratus-Wolke geradezu zerfranst und zerrissen. Aus Nimbostratus formt sich vor unseren Augen in wenigen Minuten eine **Stratocumulus stratiformis lacunosus-** und weiter eine **Stratocumulus stratiformis perlucidus**-Wolke. Also eine tiefe Regenwolke mit wabenförmigen Löchern bzw. eine tiefe Regenwolke mit deutlichen Zwischenräumen, durch die gegebenenfalls die Sonne hindurchscheinen kann. Im Hintergrund sind solche vorläufigen Endprodukte der Turbulenz deutlich zu erkennen. Oben darüber aber sind noch Reste des Cirrusschirmes zu sehen, der den Warmfrontaufzug mit seiner Aufgleitbewölkung vor vielen Stunden in Gang setzte. Regen aber ist vorerst nicht in Sicht.

Praktisch zur gleichen Zeit nach Westen geschaut, bietet sich ein ähnliches Bild eines chaotischen Himmels. Oben leuchten noch in der Abendsonne die Reste von ehemals sehr kompakten Cirrostratus- und Altostratus-Wolkendecken. Aus ihnen sind niedlich anzuschauende Rollwolken geworden, **Cirrocumulus lenticularis**- und **Altocumulus lenticularis**-Formen, wie sie bei Föhnwetterlage auf der Leeseite auftreten. Sie deuten immer auf ein sehr dynamisches Wettergeschehen in diesen Höhen hin. Im Vordergrund jagen tiefe, zerrissene Wolken über den Himmel, die man mit ein bisschen Fantasie als Cumulus fractus ansprechen

könnte und die oft im Gefolge solcher Wetterlage auftreten. Am Horizont über den weit entfernten Alpenausläufern liegt scheinbar noch eine kompakte Wolkendecke, die einen eindrucksvollen Sonnenuntergang an diesem Abend verhindert hat. Aber der Eindruck täuscht. Kommt man diesen Wolken näher, so offenbaren auch sie Zwischenräume, die nur durch die Perspektive zum Horizont hin immer stärker verdeckt werden. Das ist ein Grund, weshalb sich die Meteorologen bei der Wolkenbestimmung vor allem auf den Himmel 45° über dem Horizont konzentrieren. Der Rest ist nur noch eine Korrekturgröße, aus der man mit der nötigen Erfahrung allenfalls Schlüsse auf direkt auf den Beobachter zuströmende Wolkenmassen ziehen kann. Für uns bleibt an diesem herrlichen Abend nach langem Regen nur noch die Freude, ohne Regen einen erfrischenden Abendspaziergang genießen zu können.

Wolkenwirbel bei Kaltfrontdurchgang

Worin liegt eigentlich der Unterschied zwischen einem Warmfront- und einem Kaltfrontdurchgang? Führen wir uns ganz kurz vor Augen, **wie** so ein **Tiefdruckgebiet** im Prinzip **funktioniert**. Fern in der Wetterküche Atlantik entsteht aus einer kleinen Störung an der Grenze zwischen der nördlichen Kaltluft und der tropischen Warmluft in kurzer Zeit ein mächtiger Tiefdruckwirbel. Auf der nördlichen Halbkugel beginnt dieser Wirbel, sich durch die auf ihn wirkenden Corioliskräfte entgegen des Uhrzeigersinns zu drehen. Dabei fließen feuchtwarme Luftmassen an der Ostseite nach Norden. Umgekehrt dringen kalte Luftmassen polaren Ursprungs an der Westseite nach Süden.

Auch wenn man keinerlei technische Hilfsmittel besitzt, kann man dieses Wettergeschehen an den sich in diesem Tiefdruckwirbel bildenden Wolken gut erkennen. In Zugrichtung auf der Vorderseite gleitet feuchte warme Luft auf kalte Luft am Boden auf. Es entsteht eine typische Aufgleitfront, bei deren Eintreffen sich die Temperaturen langsam von oben nach unten erhöhen. Deshalb der Name **Warmfront**. Das Ganze ist vor allem ein **advektiver Vorgang**.

1. Phase:	In hohen Schichten ziehen Cirrus- und Cirrocumulus-, später Cirrostratus-Schichten auf.
2. Phase:	Mittelhohe Altocumulus- und Altostratus-Schichten folgen. Der Himmel zieht zu, die Sonne verschwindet langsam.
3. Phase:	Altostratus und Cirrostratus verschmelzen zu Nimbostratus. Es beginnt sachte zu regnen.
4. Phase:	Das Tiefdruckgebiet zieht langsam vorüber. Nach stundenlangem Landregen klart der Himmel wieder etwas auf.

Bis zu diesem Zeitpunkt ist ein Tiefdruckgebiet eine eher gemütliche Erscheinung. Aber die scheinbare Ruhe trügt. Meist sehr plötzlich zieht eine dunkle Wolkenbank mit folgendem Sturm und Starkregen, im Sommerhalbjahr auch Gewitter heran. Die der Warmluft folgende, schnellere Kaltluft mit deutlichem Absinken der Temperatur jagt die feuchte Warmluft davon. Im Gegensatz zur advektiven Warmfront sehen wir uns jetzt einer **konvektiven Kaltfront** gegenüber, die alles andere als gemütlich sein kann. Die dabei auftretenden Wolkenbilder werden uns auf den folgenden Seiten beschäftigen. Auf der linken Seite ist ein typischer Kaltfrontdurchzug zu sehen. Auf der Vorderseite entstehen bizarre Wolkengebilde, die in hoher Geschwindigkeit gemeinsam mit oft starken Windböen auf uns zutreiben. Meteorologisch handelt es sich hier um hoch aufstrebende Cumulonimbus-Türme, in die wir von unten hineinschauen. An den rechten unteren Ecken ist schon ein **Regenvorhang** zu sehen, der sich schnell nähert und uns in wenigen Minuten völlig durchnässen wird. Jetzt ist Schluss mit lustig! So schnell wie möglich gilt es, einen trockenen Unterschlupf zu erreichen. Was uns hier entgegen zog, war ein ziemlich heftiges Kaltfrontgewitter, dem man besser nicht auf freier Wildbahn ausgesetzt sein sollte. Auch hohe Bäume mit ihrem schützenden Laubdach bieten nur einen zweifelhaften Schutz, weil Blitzeinschläge auch die Schutzsuchenden in Mitleidenschaft ziehen können. Ein Blick zum Himmel sollte also nie vergessen werden!

Am Tag wird es finster

Drei typische Bilder für einen Kaltfrontaufzug. Der hellgraue oder schon blaue Himmel des Warmfrontsektors eines Tiefdruckgebietes beginnt sich ziemlich abrupt zu verdunkeln. Mit großer Geschwindigkeit ziehen dunkle Wolkenbänke drohend auf uns zu. Dieser Eindruck wird oft noch durch den Sonnenschein verstärkt. Der Kontrast zwischen noch sonnenbeschienener Landschaft und tiefschwarzen **Cumulonimbus**-Wolken könnte nicht größer sein.

Was geht denn nun eigentlich am Himmel so wild vor sich? Es ist die typische Erscheinung eines Wettkampfes zwischen zwei Wetterextremen. Die schnelle, trockene Kaltluft aus nördlichen Regionen hat den warmen, feuchten Luftkörper des Südens eingeholt. Dabei schiebt sich die schwere Kaltluft unter die leichtere Warmluft, hebt sie vom Boden ab und drückt sie nach oben. **Aus horizontaler Advektion wird** blitzschnell **vertikale Konvektion**. Welche Dynamik in einem solchen Wettergeschehen steckt, verraten unmissverständlich die wilden Wolkenbilder.

Dieses Buch soll von Regenwolken handeln. Keine Frage, die schwarzen Wolken auf den Bildern dieser Seiten sind solche Regenwolken *par excellence*. Richtig? Falsch! Zwar ist richtig, dass je schwärzer eine Wolke, desto mehr feine Regentröpfchen enthält sie. Aber es sind nicht Regentropfen im Fallen, sondern Regentropfen in der Schwebe. In dieser Form kann Wasser hunderte von Kilometern ins Landesinnere getragen werden. Noch fehlt diesen Wolken die Verbindung zu Eis-Mikrokristallen der höheren Wolkenschichten. Noch fällt der Regen nicht.

Wolkenmauern schieben sich heran

Die Wolkenmassen werden immer dichter und bedrohlicher. Dem aufmerksamen und furchtlosen Beobachter bietet sich ein grandioses Schauspiel vom Kampf der Systeme. Der Ausgang ist dabei fast immer derselbe: Die trockene Kälte des Nordens besiegt und unterwirft den feuchten Luftkörper des Südens.

Uns interessieren vor allem die dauernd wechselnden Formen dieser konvektiven Komplexe, die vor unseren Augen entstehen und meistens auch wieder schnell vergehen. Hoch über uns und dem Auge zumeist durch tiefe Wolkenfetzen entzogen, entsteht ein mächtiger Wolkenturm aus **Cumulonimbus**-Wolken. Aus ihm können nicht nur im Sommer sondern sogar im Winter Blitze auf den Erdboden schießen. Typisch sind Kaltfronten vor allem im Frühjahr, wenn warme Atlantikluft den Winter auf dem Kontinent verdrängt und das charakteristi-

sche **Aprilwetter** entsteht. Während an der Nordseeküste ein Tiefdruckgebiet dem anderen in der so genannten **Westdrift-Wetterlage** folgt, verlangsamen sich die Wolken über Land zusehends, um nach ca. 1000 km praktisch ganz zum Stillstand zu kommen und als Okklusion ganz langsam ihre Existenz zu beenden.

Die diesen Lebensweg begleitenden Wolken sehen vorerst zwar noch sehr bedrohlich aus, ihre zuerst gewaltige Energie ist aber mehr und mehr verbraucht. Der durch eng beieinander liegende Isobaren auf der Wetterkarte leicht zu identifizierende Sturmwirbel über See und Land, verliert langsam seinen Schrecken und wird zu einem frischen Lüftchen, das die durch Abstrahlung der Wärme über dem Boden entstanden Kaltluft mit hohem Schadstoffanteil hinwegfegt und durch klare und saubere ersetzt.

Eine Böenwalze bringt Starkregen und Sturm

Die hier abgebildete Kaltfront-Böenwalze erreichte das südliche Burgenland noch mit ziemlicher Gewalt. Das Bild ist immer ähnlich. Im Vordergrund dunkle Wolken mit ausgeprägter Struktur an der Wolkenunterseite. An der unteren Kante der dunkelsten Wolke zum Horizont hin enden plötzlich die Strukturen, und man sieht nur noch einen helleren Regenvorhang, der sich schnell nähert. Genau an dieser Grenze beginnt der Wolkenbruch, oft von Blitz und Donner begleitet.

Schauen wir uns die drei Bilder noch einmal genauer an. Ganz eigenartig ist zuerst der Farbsprung von Grau auf Blau an der Böenkante. Hier scheint der blaue Himmel noch durch. Rechts dann kurz vor dem Durchzug der Böenwalze nur noch dunkles Grau: Der Regen wird stark sein. Davor ein Pannus-Fetzen, ein Indiz für die Abkühlung der Luft durch den Regen.

So schnell wie gekommen auch wieder zerronnen

Schon bald nach dem Durchgang der Böenwalze hat die Kaltfront ihre ungeheure Dynamik verloren, der Sturm flaut schnell auf eine frische Brise ab, die gewohnte Welt hat uns wieder. Zwar ziehen immer noch tiefe **Stratocumulus**-Bänke über den Himmel, aber der Sturzregen ist längst vorbei und auch die vereinzelten Schauer halten langsam ganz auf. Alles scheint wie vor dem Kaltfrontdurchgang zu sein. Nur die nassen Straßen und die Pfützen auf den Feldern erinnern uns noch eine Weile an die abziehende Kaltfront. Der Regen, der in wenigen Minuten herabstürzte, kann meist erheblich sein. In kurzer Zeit kann mehr Wasser vom Himmel gerauscht sein, als in den vielen Stunden der Aufgleitfront zu Beginn des Tiefdruckdurchzugs.

Das Aussehen der Wolken bleibt noch mehr oder weniger chaotisch. Die tiefen Stratocumulus-Bänke lassen vorerst die Sonne noch nicht durch, sie gehören also zur Wolkenart der Stratocumulus stratiformis opacus. Nur langsam reißen diese untersten Wolkenschichten hier und da auf und geben den Blick auf die hohen und mittelhohen Wolken frei. Wir sehen eine vorerst noch weitgehend geschlossene Wolkendecke aus Altostratus und Cirrostratus, die erst wenige Wolkenlöcher aufweist.

Wie empfinden Sie denn nun dieses Tiefdruckgeschehen über uns? Ist das Wetter wirklich so grauslich, als das Sie es bisher angesehen haben? Oder schauen Sie vielleicht zum ersten Male bewusst auf das Wolkenschauspiel? Ich kann es Ihnen nur empfehlen, Sie werden ganz neue Eindrücke gewinnen und den Himmel buchstäblich mit anderen Augen anschauen!

Der blaue Himmel kehrt zurück

Das Interesse am Wolkenhimmel beim Durchzug eines Tiefdruckgebietes wird belohnt. Die dunklen Wolkenmassen ziehen von Nordwesten kommend über uns hinweg, und wie aus heiterem Himmel – hier besser *bedecktem Himmel* – sehen wir am Horizont eine Wolkenlücke, durch die klar blauer Himmel, wie er so charakteristisch für kalte, trockene Luft ist, sichtbar wird. Das Ende des Kaltfrontdurchzuges wird eingeläutet.

Jetzt beginnt nicht nur für den Wanderer, sondern vor allem für den Wolkenbeobachter eine besonders interessante Phase des Wetters. Die aufgewühlte Atmosphäre beginnt sich nämlich nur sehr langsam zu beruhigen, nicht ohne sich dabei mit außergewöhnlichen Wolkenbildern zu verabschieden. Das gilt ganz besonders für den Südosten des Alpenvorlandes, und ist durch die *orografischen Verhältnisse*, soll heißen, die Landschaftsform beeinflusst.

Auf diesen beiden Seiten präsentiere ich Ihnen ein Beispiel für das Ende einer Kaltfront. Gleich hinter der Alpenbarriere von Hochschwab, Wechsel und Masenberg beginnen die Luftmassen zum Flachland hinunterzufallen. Dabei erwärmen sie sich, die Wolken beginnen sich aufzulösen. Deswegen entstehen die ersten blauen Löcher in der Wolkendecke immer hinter diesen Bergmassiven. Das alles geschieht in einem mächtigen Wirbel, in einem wilden Tanz von Wolkenauflösung und Neubildung. Es entstehen typische Wolkengebilde, die sich immer an der Leeseite eines Bergrückens ausbilden: **Altocumulus lenticularis** in all seinen Ausbildungsformen. Während diese Wolken vor allem eine Rollbewegung ausführen (sie wird uns in einem späteren Band dieser Buchreihe beim Föhn ausführlicher beschäftigen), kommen über dem Flachland bisweilen auch trombenartige Auflösungsformen vor. Sie sind völlig harmlos.

Rückfront: Trügerische Wetterbesserung

Auch die letzten Auflösungsformen des vorübergezogenen Tiefdruckgebietes sind verschwunden. Frischer Wind mit herrlich klarer Luft und weiter Fernsicht, dazu hübsche kleine Cumulus-Wolken: Das endlich wieder schöne Wetter lädt zu weiten Wanderungen geradezu ein. Ohne Verzug wieder hinaus in die Landschaft mit den so einladenden Wolken am Himmel. **Rückfrontwetter** ist angesagt. Richtig? Richtig, wenn die Wanderung nur von kurzer Dauer, sagen wir zwei, drei Stunden sein soll. Falsch, wenn wir glauben, nun würde eine lange Periode mit Schönwetter folgen. Rückfront-Wetterlagen sind tückisch. Anstatt geradewegs in ein sommerliches Hochdruckwetter einzumünden, kommt das nach, was der Volksmund so treffend mit „das dicke Ende" beschreibt.

Hinter einer abziehenden Kaltfront tummeln sich oft abgerissene Kaltlufttropfen herum, die undiszipliniert allen meteorologischen Regeln abhold über die Landkarte vagabundieren und mit dem schönen Namen **Tiefdrucktröge** in der Meteorologie belegt sind. Diesmal wirklich aus heiterem Himmel kommend, können sie binnen weniger Minuten den Himmel bedecken. Und dann ist es *aus mit lustig*! Der Kaltluftwirbel ist vor allem von Seglern auf Nord- und Ostsee gefürchtet, weil er mit sehr tiefen Regenwolken bis auf die Wasseroberfläche reichen kann, jede Sicht urplötzlich nimmt und die Besatzung orientierungslos in schwerem Sturm zurücklässt. Über Land ist die Wetterlage nicht ebenso kritisch. Dafür hängen diese Kaltlufttropfen in hügeligem Land fest und lösen sich nur sehr langsam wieder auf. Wieder nichts mit lang andauerndem Schönwetter!

Tiefdrucktrog: vagabundierender Kaltlufttropfen

Uns fehlen noch bildliche Eindrücke von diesem Wettergeschehen. Sie werden auf diesen beiden Seiten nachgetragen. Der Himmel bietet ein dynamisches Schauspiel besonderer Art. Auch noch tausende von Kilometern landeinwärts. Der Wind hat aufgefrischt, die tiefen Regenwolken (zumeist ein Gemisch aus hochreichendem **Nimbostratus** und **Stratocumulus stratiformis opacus praecipitatio**) jagen über den Himmel. Das ungeliebte Schauspiel will und will kein Ende nehmen. Kein Wunder, denn die Wolken entstehen in diesem Kaltluftwirbel immer wieder aufs Neue und ziehen keineswegs mit dem Wind davon!

So dynamisch das Geschehen vom Boden aus erscheint und in vertikaler Richtung auch ist, so träge ist die ganze Veranstaltung in horizontaler Richtung. Ein Tiefdrucktrog kann sich offenbar nur schwer entscheiden, in welche Richtung er seine zukünftigen Aktivitäten lenken soll. Die Leidtragenden sind wiederum wir, die wir schon so lange auf andauernd schönes, trockenes Wanderwetter warten.

Warum bilden sich scheinbar so unvermutet derartige Tiefdrucktröge? Darauf können Ihnen auch versierte Meteorologen nur eine wenig exakte Antwort anbieten. Die Erfahrung spricht dafür, dass alternde Tiefdruckgebiete sich mit ihrer Auflösung schwer tun. Werden aus rasanten Warm- und Kaltfronten zuerst Okklusionen, so scheint ein Teil der verbleibenden Energie nicht einfach durch Mischung von kalter und warmer Luft zu verschwinden, sondern sie spaltet sich ab und lebt in einem Tiefdrucktrog noch einige Zeit – leider! –weiter.

Chaotischer Himmel und Schauerbildung

Jetzt heißt es ein zünftiges Ende in unserem Bemühen zu finden, aus Wolkenbildern Hinweise auf kommendes Regenwetter abzuleiten. Fast im ganzen Büchlein hat uns grauer Himmel begleitet. Ich habe mich – so hoffe ich – redlich bemüht, Ihnen aufzuzeigen, dass dieses Grau in Grau keinen Grund bietet, in Schwermut zu verfallen. Zum einen dauert auch die längste Regenperiode nicht ewig. Vor allem aber zeigt der Regenhimmel für den Wetter- und Wolkeninteressierten viele, oft übersehene Facetten eines Geschehens, dem wir ausgeliefert sind und das wir glücklicherweise nicht verändern oder steuern können.

Deswegen zeige ich Ihnen zum Abschluss Bilder eines chaotischen Wettergeschehens in früher Morgenstunde kurz vor Aufgang der Sonne, die dem Bild grelle Farben hinzufügt. Der Himmel strahlt geradezu ungebändigte Dynamik aus. Eine Kaltfront hat begonnen, nächtliche Hochnebelschichten zu zerfetzen, der Gegner ist schon besiegt, Schauerwetter wird die kommenden Stunden bringen. Was für ein Schauspiel morgens zwischen sieben und acht Uhr! Vor Ihren Augen gibt das Wetter eine Sondervorstellung. In Sekundenschnelle steigen Wolken auf und andere bersten und stürzen herab. Ganz schön nass wenige hundert Meter über Ihnen und dabei fällt noch kein einziger Tropfen auf den Boden. Wetter spielt sich eben nicht nur am Boden, sondern in einem dreidimensionalen Raum über Ihnen ab. Das Schauspiel ist kostenlos, Sie müssen nur bereit für eine solche Frühvorstellung sein!

Was haben wir gelernt?

Den dritten Band unserer kleinen Buchreihe unter dem Titel *Wolken Lesen Lernen* haben Sie jetzt zu Ende studiert oder vielleicht auch nur durchgeblättert, um die vielen Regenbilder kopfschüttelnd zu betrachten. Nach den spektakulären Morgen- und Abendstimmungen des zweiten Bandes folgte im Kontrast dazu das in unseren Breiten so gewohnte Grau in Grau des Regenhimmels. Ich habe versucht, Ihnen auch Regenstimmungen nahe zu bringen. Auch sie haben ihre ganz eigenen Reize und sind keineswegs so trübe, wie der Volksmund sie charakterisiert. Haben Sie einmal mit Menschen gesprochen, die dem mitteleuropäischen Wetter auf Dauer entflohen sind und sich in Gegenden zurückgezogen haben, in denen tagaus, tagein der Himmel eintönig blau ausschaut und die Sonne herniederbrennt? Es dauerte bei den Meisten nicht lange, und sie sehnten sich nach der Abwechslung unseres Wettergeschehens zurück.

Gerade das sich dauernd ändernde Wetter mit seinen typischen Wolkenbildern macht unseren Lebensraum erst für uns erträglich. Sie glauben mir nicht? Probieren Sie es doch einmal aus! Mit Absicht habe ich an die dritte Stelle unserer Buchreihe die ganze Varianz von Regenwolken gesetzt. Die Bilder zeigen Ihnen zwar nur selten den blauen Himmel. Dafür zeugen sie von der spröden Schönheit der Regentage für den, der zu sehen gelernt hat.

Nach dem Einstieg in die Welt der Wolken, den spektakulären Bildern des Himmels zu Zeiten von Sonnenaufgang und Sonnenuntergang und jetzt mit dem Reiz von Wolkenbildern bei dem, was unsensible Menschen für Schlechtwetter halten, sind wir gut vorbereitet, uns in der Zukunft ganz auf die Schönheit des Wolkenhimmels zu konzentrieren. Wir werden uns mit hübschen weißen Sommerwolken ebenso beschäftigen, wie mit der Faszination von Schäfchenwolken, den bizarren Bildern des Föhnhimmels, meinen Favoriten, den hohen Federwolken und der Dynamik eines Gewitterhimmels. Dabei werden wir schnell lernen, dass man von der Schönheit der Wolken auf das kommende Wetter schließen kann. Aber anders als allgemein angenommen wird. Unsere Regel lautet nämlich: *Je schöner die Wolken, desto schlechter das kommende Wetter!* Vorerst viel Spaß beim nächsten Regen, er hat viele gute Seiten!

Bilddaten

3	27.09.2002	16:10	Oberschützen, Bgld.
4	04.05.2002	15:19	Oberschützen, Bgld.
6	22.03.2002	13:51	Oberschützen, Bgld.
8	08.06.2002	16:10	Oberschützen, Bgld.
10	27.06.2002	06:00	Oberschützen, Bgld.
11	27.06.2002	06:02	Oberschützen, Bgld.
12	10.04.2002	14:48	Willersdorf, Bgld.
13	10.04.2002	14:59	Wiesfleck, Bgld.
14	17.04.2002	17:04	Markt Allhau, Bgld.
15o	26.05.2002	09:16	Oberschützen, Bgld.
15u	26.05.2002	09:14	Oberschützen, Bgld.
16ml	28.06.2002	06:02	Oberschützen, Bgld.
16mr	28.06.2002	05:56	Oberschützen, Bgld.
17ml	28.06.2002	06:00	Oberschützen, Bgld.
17mr	28.02.2002	07:00	Oberschützen, Bgld.
18	04.10.2002	14:56	Oberschützen, Bgld.
19	09.06.2002	14:08	Oberschützen, Bgld.
20	04.05.2002	14:58	Oberschützen, Bgld.
21	04.05.2002	14:59	Oberschützen, Bgld.
22ml	17.04.2002	16:59	Markt Allhau, Bgld.
22mr	05.06.2002	08:29	Oberschützen, Bgld.
23ml	22.03.2002	13:51	Oberschützen, Bgld.
23mr	19.04.2002	14:30	Schönherrn, Bgld.
24	29.11.2001	09:30	Oberschützen,Bgld.
25	19.05.2002	14:00	Oberschützen, Bgld.
26	19.04.2002	14:16	Willersdorf, Bgld.
27	19.04.2002	14:18	Willersdorf, Bgld.
28	27.02.2002	07:15	Oberschützen, Bgld.
29	11.02.2002	16:00	Oberschützen, Bgld.
30	10.06.2002	15:17	Oberschützen, Bgld.
31ol	27.01.2003	13:50	Oberschützen, Bgld.
31or	27.01.2003	13:53	Oberschützen, Bgld.
31ul	27.01.2003	13:57	Oberschützen, Bgld.
31ur	27.01.2003	14:02	Oberschützen, Bgld.
32o	20.03.2002	16:22	Aschau, Bgld.
32m	12.04.2002	15:05	Aschau, Bgld.
32u	10.04.2002	15:12	Sparberegg, Stmk.
33o	10.04.2002	15:27	Sparberegg, Stmk
33m	24.04.2002	15:13	Loipersdorf, NÖ.
33u	19.04.2002	14:31	Schönherrn, Bgld.
34	12.04.2002	14:11	Oberschützen, Bgld.
35	12.04.2002	14:56	Aschau, Bgld.
36	07.06.2002	14:08	Oberschützen, Bgld.
37	07.06.2002	14:08	Oberschützen, Bgld.
38	10.06.2002	20:36	Oberschützen, Bgld.
39	10.06.2002	20:31	Oberschützen, Bgld.
40o	14.05.2002	12:43	Oberschützen, Bgld.
40u	14.05.2002	12:43	Oberschützen, Bgld.
42o	20.03.2002	17:04	Oberschützen, Bgld.
42u	20.03.2002	17:05	Oberschützen, Bgld.
43	21.10.2001	17:30	Oberschützen, Bgld.
44o	04.07.2002	07:07	Oberschützen, Bgld.
44u	04.07.2002	07:08	Oberschützen, Bgld.
45o	21.03.2002	10:54	Sparberegg, Stmk.
45u	21.03.2002	10:50	Sparberegg, Stmk.
46o	04.07.2002	05:43	Oberschützen, Bgld.
46u	04.07.2002	05:52	Oberschützen, Bgld.
47u	04.07.2002	05:43	Oberschützen, Bgld.
48	21.03.2002	10:32	Schönherrn, Bgld.
49	07.04.2002	09:21	Mönchmeierhof, Bgld.
50o	13.08.2002	11:04	Oberschützen, Bgld..
50u	13.08.2002	06:47	Oberschützen, Bgld.
51o	24.06.2002	16:12	Oberschützen, Bgld.
51u	13.08.2002	10:51	Oberschützen, Bgld.
52o	15.09.2002	16:11	Oberschützen, Bgld.
52u	15.09.2002	16:11	Oberschützen, Bgld
53u	22.03.2002	09:59	Oberwart, Bgld.
54	26.09.2002	13:55	Oberschützen, Bgld.
55	26.09.2002	14:33	Oberschützen, Bgld.
56	22.10.2002	07:19	Oberschützen, Bgld.
57	22.10.2002	07:24	Oberschützen, Bgld.
58	15.09.2002	07:29	Oberschützen, Bgld.
60o	15.09.2002	10:08	Oberschützen, Bgld.
61o	15.09.2002	10:12	Oberschützen, Bgld.
62o	15.09.2002	07:48	Oberschützen, Bgld.
63o	15.09.2002	07:47	Oberschützen, Bgld.
64	12.08.2002	14:52	Oberschützen, Bgld.

Titelbild:	27.09.2002	16:10	Oberschützen, Bgld.
Rücktitel:			
ol	21.03..2002	10:08	Oberschützen, Bgld.
or	07.06.2002	14:38	Aschau, Bgld.
ml	12.04.2002	14:46	Aschau, Bgld.
mr	12.04.2002	15:06	Aschau, Bgld.
ul	21.03.2002	10:45	Sparberegg, Stmk.
ur	11.02.2002	16:00	Oberschützen, Bgld.

Internationale Klassifikation der Wolken

Wollen wir unsere Erkenntnisse mit Gleichgesinnten austauschen, dann brauchen wir eine gemeinsame Sprache mit Vokabeln, die weltweit eindeutig sind und verstanden werden. Bezogen auf die Wolken heißt das, wir müssen sie ähnlich klassifizieren und mit international gebräuchlichen, lateinischen Namen versehen, wie das in der Biologie auch schon mit Flora und Fauna geschehen ist.

In der Meteorologie wurde uns diese Aufgabe schon Anfang des 19. Jahrhunderts abgenommen. Der englische Apotheker und begeisterte Wolkenbeobachter Luke Howard benutzte als Erster lateinische Bezeichnungen für die verschiedenen Wolkenformen und bot in seiner 1803 veröffentlichten Schrift *Über die Veränderungen der Wolken* eine systematische Gliederung an. Kein geringerer als Johann Wolfgang von Goethe, der selbst an meteorologischen Vorgängen interessiert war, trug mit seiner 1817 herausgegebenen Schrift *Wolkengestalt nach Howard* wesentlich zur Verbreitung dieser Ideen im deutschsprachigen Raum bei.

Heute basiert die Verständigung über Wolkenformen auf dem *Internationalen Wolkenatlas der WMO* (World Meteorological Organization), der erstmals 1956 in Genf herausgegeben wurde und sich eng an die Klassifizierung von Howard anlehnt.

Wollen Sie wirklich in der Wolkenbeobachtung mitreden, dann müssen Sie sich zuerst einmal die lateinischen Bezeichnungen der verschiedenen Wolkengattungen, Wolkenarten und Wolkenunterarten aneignen. Es sollte keine allzu schwierige Aufgabe sein. Machen wir es ganz systematisch:

Wolkenfamilien (sie werden nach ihrer Höhe unterschieden)

› **Hohe Wolken** (in 5-12 km Höhe)
› **Mittelhohe Wolken** (in 2-6 km Höhe)
› **Tiefe Wolken** (vom Erdboden bis 2 km Höhe)
› **Wolken mit großer vertikaler Ausdehnung**

Wolkengattungen (sie werden innerhalb der Familien nach ihrer Form benannt)

Bei den hohen Wolken:

› **Cirrus** Ci (Federwolken)
› **Cirrocumulus** Cc (kleine Schäfchenwolken)
› **Cirrostratus** Cs (Eisschleierwolken)

Bei den mittelhohen Wolken:

› **Altocumulus** Ac (große Schäfchenwolken)
› **Altostratus** As (mittelhohe, kaum strukturierte Schichtwolken)

Bei den tiefen Wolken:

› **Stratocumulus** Sc (Schichtwolken in großen Schollen)
› **Stratus** St (tiefe, kaum strukturierte Schichtwolken)

Bei den Wolken mit großer vertikaler Ausdehnung:

› **Nimbostratus** Ns (Dauerregenwolken)
› **Cumulus** Cu (Quellwolken, typisch für Schönwetter)
› **Cumulonimbus** Cb (Gewitterwolken)

Diese zehn Wolkengattungen müssen wir uns einprägen und unterscheiden lernen, wenn wir Literatur über Meteorologie und insbesondere Wolken studieren wollen. Unterarten werden unser Wissen dann verfeinern und die Deutungsmöglichkeiten bereichern und vor allem den Spaß an der Wolkenbeobachtung erhöhen. Wir haben das in den einzelnen Kapiteln schon bemerkt. Bleiben noch Bezeichnungen wie ......cumulo**genitus.** ......genitus wird an einen Wolkennamen angehängt, um den Ursprung zu verdeutlichen. Also zum Beispiel Cirrocumulus contrailgenitus (Cc aus Kondensstreifen hervorgegangen).

Literaturverzeichnis

Bücher

Bont, G. de: *Wolkenatlas,* Ulmer Verlag, Stuttgart 1987
Cosgrove, B.: *Das Wetter,* Delius Klasing Verlag, Bielefeld 1999
Farrand, J.jr.: *Wetter,* VGS Verlagsgesellschaft, Köln 1991
Gareis, R.: *Wolken Lesen Lernen, Sprache der Wolken*, Krone Verlag, Leichlingen 2002
Gareis, R.: *Wolken Lesen Lernen, Morgenrot und Abendrot,* Krone Verlag, Leichlingen 2003
Häckel, H.: *Farbatlas Wetterphänomene*, Ulmer Verlag, Stuttgart 1999
Ismer, H.A.: *So wird das Wetter*, Ullstein Taschenbuch Nr. 42014, Berlin 1999
Karnetzki, D.: *Wolken und Wetter*, Delius Klasing Verlag, Bielefeld 1998
Kraus, H.: *Die Atmosphäre der Erde*, Springer Verlag, Berlin, Heidelberg 2001
Roth, G.D.: *Wetterkunde für alle*, BLV, München 1999
Scorer, R.: *Clouds of the World*, Lothian Publishing Co. Ltd, Melbourne 1972
Sönning, W. und Keidel, C.G.: *Wolkenbilder Wettervorhersage*, BLV, München 1998
Walch, D.: *So funktioniert das Wetter,* BLV, München 2000
Walker, A.: *Zeichen am Himmel,* Birkhäuser Verlag, Basel 1997
Watts, A.: *Das Wetter in Bildern*, Delius Klasing, Bielefeld 2000
Watts, A.: *Das Wetter Handbuch*, Delius Klasing Verlag, Bielefeld 2000
Wesp, U.: *Der Kosmos Wetterführer,* Franckh-Kosmos Verlag, Stuttgart 2000
WMO: *International Cloud Atlas,* Verlag des Deutschen Wetterdienstes, Offenbach 1990

Fotonachweis

Alle Fotos stammen vom Verfasser. Sie wurden mit einer Canon PowerShot G2 Kamera im Zeitraum von Oktober 2001 bis Janunuar 2003 digital fotografiert.

Weitere Informationsquellen

Internetadressen (http://www.)

orf.wetter.at	Wetterdienst des Österreichischen Fernsehens
wetter-online.de	Vielseitige Wetterinformationen für Laien und Profis
inclouds.com	Fotos Amerikanischer Wolkenjäger
weatherpictures.nl	Fotos Holländischer Wolkenjäger
wolkenatlas.de	Der Karlsruher Wolkenatlas mit hunderten ausgezeichneter Wolkenfotos samt Informationen
austrocontrol.at	Österreichische Flugwetterwarte (Wetterlexikon)
sfdrs.ch	Wetterseite des Schweizer Fernsehens (Wolkenatlas, Links)
dwd.de	Deutscher Wetterdienst Offenbach (Links)
dkrz.de	Deutsches Klimarechenzentrum Hamburg (Links)
univie.ac.at	Institute of Meteorology and Geophysics Wien (Links)
wetter.msn.de	Kachelmann Wetterkanal bei MSN
meteodata.at	Europäische Wetterkarten für den Laien
meteoschweiz.ch	Schweizer Wetterdienst (Wetterlexikon)
knmi.nl	Royal Netherlands Meteorological Institute (Vorhersagekarten, Wettersatelliten Report)
geocities.com/CapeCanaveral/7742	Umfangreiche Yahoo Liste von weltweiten Wetteradressen
rz.uni-frankfurt.de	Wetterkarten für Profis, Wetter- und Wolken Informationen
wetterzentrale.de	Wetterseite der Uni Karlsruhe (Topkarten, Links)
zamg.ac.at	Zentralanstalt für Meteorologie und Geodynamik Wien (Wetterinformationen vor allem für Österreich, Klimadaten)
wetter.com	Deutscher Wetterdienst mit vielen Karten und Links

Wolkenchaos über dem Wechsel